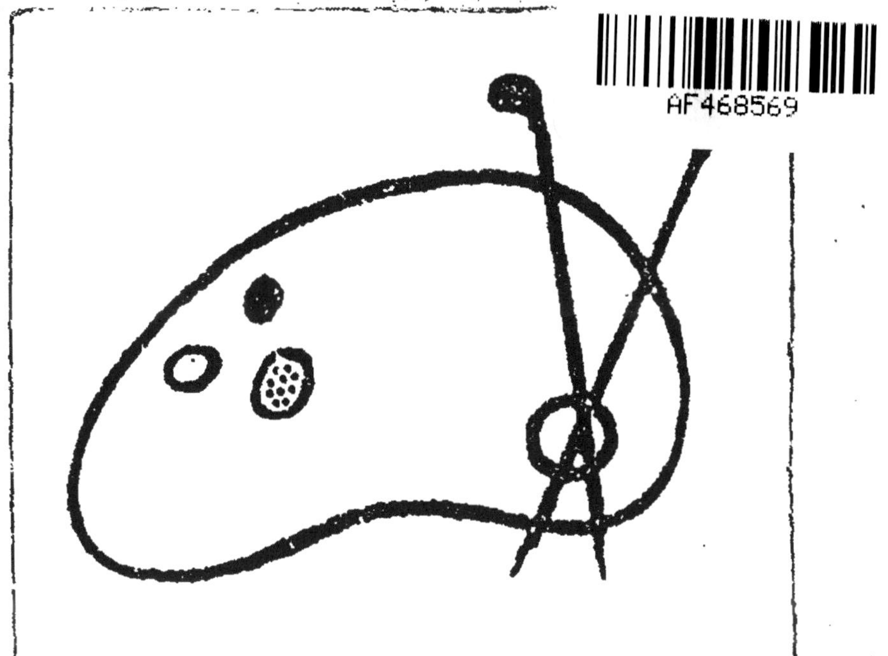

À Monsieur Léopold Delisle,
Souvenir de son tout dévoué
Ch. de Beaurepaire

11

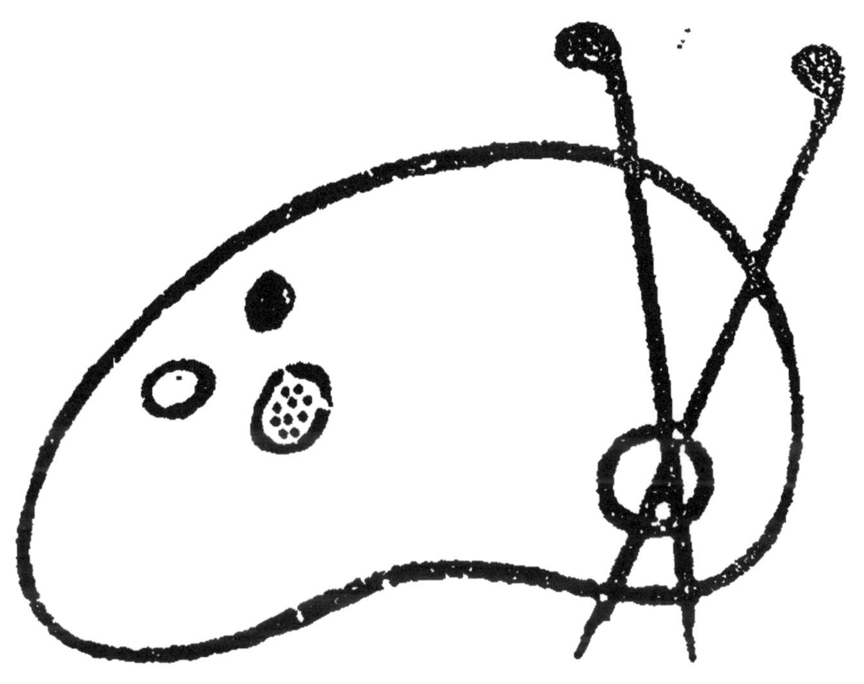

Fin d'une série de documents
en couleur

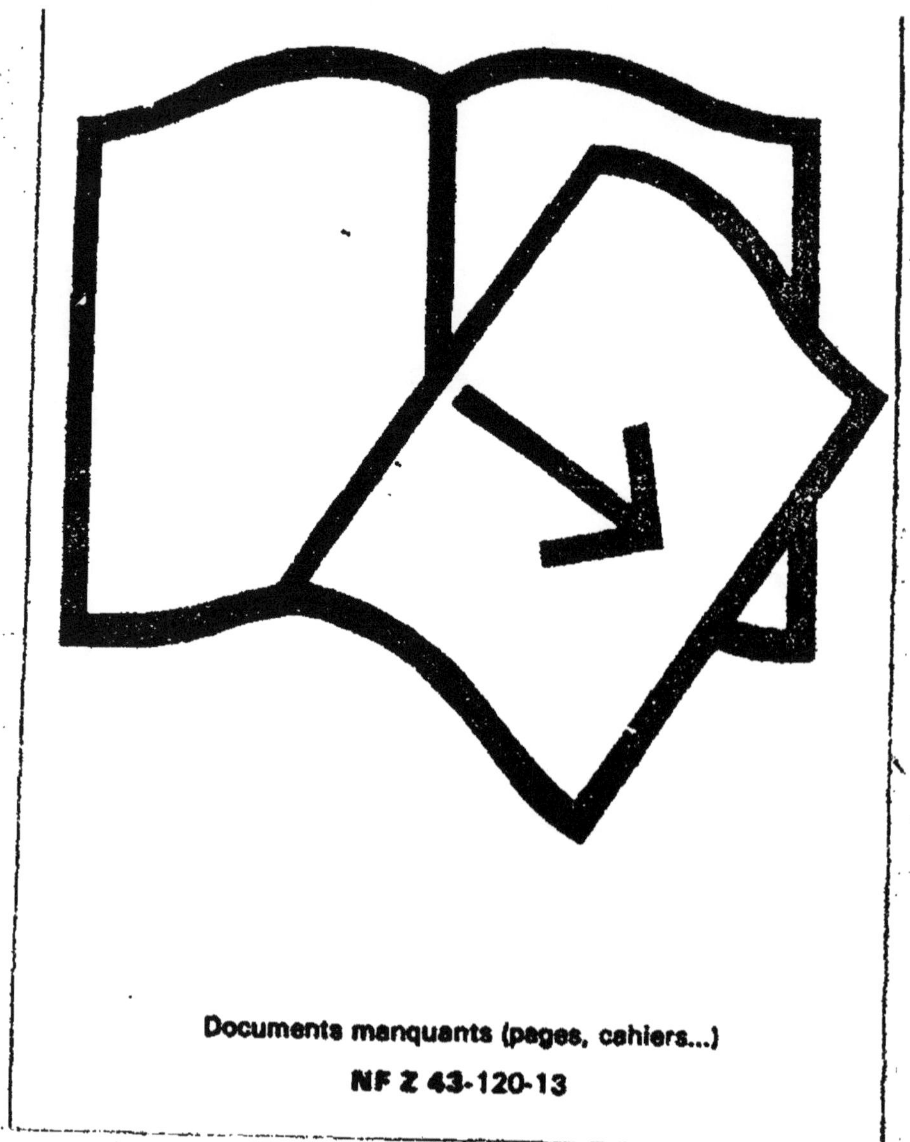

Documents manquants (pages, cahiers...)

NF Z 43-120-13

RECHERCHES

SUR

L'INTRODUCTION DE L'IMPRIMERIE

A ROUEN.

RECHERCHES

SUR

L'INTRODUCTION DE L'IMPRIMERIE

A ROUEN.

Tous les auteurs qui, dans ces derniers temps, se sont occupés de l'histoire de l'imprimerie dans notre ville, ont cru de leur devoir de signaler à la reconnaissance publique une ancienne famille d'imprimeurs du nom de Lallemant, moins recommandables pourtant par la beauté des œuvres typographiques sorties de leurs presses que par le nombre et la correction des éditions classiques qu'ils ont données, et qui furent principalement à l'usage des élèves du Collége de Rouen. L'un des derniers membres de cette honorable famille, l'abbé Richard-Xavier-Félix Conteray Lallemant, était, en 1808, directeur de notre Académie. Ce fut à ce titre que, dans la séance d'installation du 29 juin de cette même année, il eut à ré-

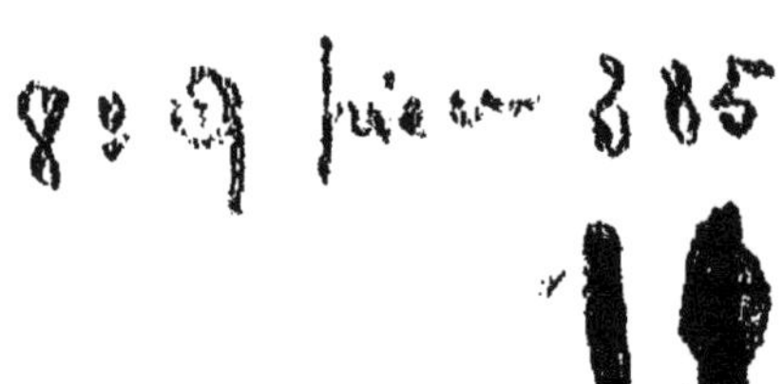

pondre au maire, M. de Fontenay. Il prit pour sujet de son discours la protection accordée de tout temps par le Conseil municipal de Rouen à l'imprimerie ainsi qu'aux travaux littéraires et scientifiques. Il profita naturellement de cette occasion pour rappeler que Rouen était une des premières villes où l'imprimerie eût été établie et protégée d'une manière particulière par l'administration communale (1). Le manuscrit de ce discours, que j'aurais été curieux de consulter, a malheureusement été perdu. Du moins ne se retrouve-t-il pas dans les archives de notre Société. Dans sa notice biographique sur ce vétéran de l'Académie et du Clergé (2), M. Pinard de Boishébert, alors secrétaire pour la classe des lettres, joignit à l'éloge du défunt cette allusion à des services dont le souvenir n'était point éteint : « C'est aux ancêtres de cette famille respectable que nous devons dans notre cité le premier établissement et la prospérité de l'art de l'imprimerie. Robert Lallemant, des anciens Conteray d'Allemagne et capitaine général de la Normandie dès le temps du célèbre Guttenberg (3), envoya chercher à ses frais, en Allemagne, tout ce qui était nécessaire pour l'exercice de l'imprimerie, et ce fut au profit des personnes

(1) *Précis analytique des travaux de l'Académie de Rouen*, 1804, p. IV.

(2) M. l'abbé Lallemant mourut rue Bourg-l'Abbé, le 18 août 1810. Il était né le 8 mars 1729. Il avait été admis à l'Académie le 18 mars 1767.

(3) J'ignore quelle pouvait être cette charge. Mais à coup sûr M. Pinard de Boishébert perdait de vue qu'à cette époque notre province était au pouvoir des Anglais, et qu'un capitaine général de Normandie n'aurait pu être pour nous qu'un étranger.

qu'il y employa qu'il l'établit à Rouen, trait bien rare et bien magnifique de désintéressement et d'amour du bien public (1). »

Il est à remarquer que Taillepied, dans ses *Antiquitez et Singularitez de la ville de Rouen*, ne fait aucune mention des Lallemant, bien que l'occasion lui en fût naturellement offerte par ce qu'il dit de l'imprimerie. Voici les termes de notre vieil historien :

« Du temps de ce mesme archevesque (il s'agit de Raoul Roussel) fut inventé par un Allemand l'art de l'imprimerie en la cité de Maience et aportée à Rouen par un jeune homme surnommé Morin, lequel fit les premiers caractères pour imprimer ; et de fait imprima plusieurs livres en cette ville de Rouen où depuis ce temps l'imprimerie a tellement fleuri jusqu'à ce jour par la bonne diligence des imprimeurs et libraires qui y sont en bon nombre, que nulle autre imprimerie ne surpasse aujourd'hui celle de Rouen en beauté de caractères. »

L'éditeur de l'*Histoire de Rouen*, de 1732, s'imagina sans doute de bonne foi ne faire que reproduire le témoignage de Taillepied en commençant ainsi le chapitre où il est traité de l'imprimerie et des écoles de Rouen : « Environ l'an 1444, l'invention de l'imprimerie fut trouvée à Mayence par un Allemand, et fut aportée en France dans le même temps par un jeune homme de Rouen nommé Morin, lequel fit les premiers caractères pour imprimer dans ce royaume. Etant de retour dans sa ville natale, il im-

(1) *Précis analytique des travaux de l'Académie de Rouen*, 1811, p. 185.

prima lui-même plusieurs livres, et depuis ce temps-là l'imprimerie a toujours fleuri dans cette ville; ainsi elle a eu l'honneur de posséder la première cet art suivant Taillepied. »

Il est aisé de reconnaître, en comparant ces deux citations, qu'il existe entre elles de notables différences. Taillepied parle de l'introduction de l'imprimerie, non pas en France, mais à Rouen; il ne fixe pas l'époque de cette importation; il ne s'explique pas sur le lieu de naissance de celui qu'il suppose avoir été notre premier ouvrier typographe. Il est permis de croire qu'il a voulu parler des premiers caractères qui furent employés dans notre ville pour l'impression, plutôt que des premiers qui furent connus en France. L'éditeur de 1732 annonce qu'il suit Taillepied; en réalité, il le corrige, il l'explique; il dénature ses paroles. L'un et l'autre, toutefois, sont d'accord pour rapporter à Morin l'honneur d'avoir appliqué, le premier, les procédés de l'art typographique dans la capitale de notre province.

Dans des ouvrages plus récents et très justement estimés, les origines de l'imprimerie à Rouen se présentent sous une tout autre face. Une révélation avait eu lieu: on avait découvert que depuis longtemps l'histoire en avait été écrite, non pas par un particulier sans autorité, dans une chronique, mais par le greffier de l'Hôtel-de-Ville de Rouen, dans le registre même des délibérations municipales.

Voici, d'après M. André Pottier, l'analyse de ce document officiel, qui porte la date du 16 juillet 1494:

« Il résulte de cette délibération que quatre frères

d'une famille nommée Lallemant..., parce qu'elle reconnaissait pour auteur un nommé Conterey, originaire d'Allemagne, sont venus présenter au Conseil municipal de Rouen, tant en leur nom qu'au nom de leur proche parent Richard Lallemant, sieur du Capon (lisez Caron), récemment décédé, un Coutumier et une Chronique imprimés sur vélin, ouvrages compilés et édités par eux et par un sieur Mahiet Deschamps; que cet échantillon de leurs travaux est destiné à établir que c'est par leurs soins et à leurs frais que l'imprimerie a été importée à Rouen; à cause de quoi ils réclament, pour eux et pour tous ceux qu'ils font travailler sous leur direction, aux diverses œuvres d'imprimerie, l'obtention de certains privilèges et exemptions, ce que la ville leur accorde.

« Pour établir leurs droits à la priorité de l'importation, ils allèguent, — toutefois sans en apporter d'autres témoignages que la notoriété publique, ce qui indique que ces circonstances, récentes encore, étaient à la connaissance de tous, — qu'eux-mêmes, ainsi que leur parent Richard Lallemant, « tant à cause de l'affection qu'ils portèrent toujours à la ville de Rouen, leur patrie adoptive, qu'en mémoire du pays d'Allemagne dont ils sont anciennement issus, et où l'œuvre d'impression prent origine... ont entreprins se singulariser par le soustien dudit établissement, et ont voulu avoir honneur de ledit œuvre establir en coustumiere demeure en la ville qu'ilz habitent. »

« Ils rappellent, à l'appui de ces énonciations, qu'ils ont reçu et soutenu maître Pierre Maufer, qui a quitté Rouen pour aller rejoindre son proche parent Pierre Maufer; qu'ils ont également défrayé Martin Morin, compagnon de Maufer, homme « loyal et inventif en la resserche de l'œuvre d'imprimerie, qu'il avait été cueillir ès pays d'Allemaigne », et beaucoup d'autres qui sont allés porter leurs talens à Paris et ailleurs; que Maufer et Morin, dépourvus de ressources suffisantes, ont trouvé, dans la famille Lalemant, assistance et patronage; que l'hôtel commun de cette famille, situé paroisse Saint-Herbland, leur a été livré pour y établir leurs ateliers...

« Ils ajoutent, à ces témoignages, l'assertion de ce fait singulier, bien capable d'exercer un jour la sagacité des bibliographes, empressés de retrouver dans toute la série des anciennes éditions rouennaises, celles que l'on doit à ces fondateurs de l'imprimerie dans notre patrie : c'est que les ouvraiges de presse qu'ils font faire par les imprimeurs qu'ils emploient ou par les étrangers qui viennent se perfectionner chez eux dans l'art typographique sont toujours publiés au nom et avec la devise de ceux qui les exécutent. Il est probable que la famille Lallemant crut devoir glisser cette explication dans sa requête afin d'obvier à l'objection qu'on aurait pu lui faire qu'aucune de ces éditions primitives, sur lesquelles elle réclamait, en quelque sorte, un droit général de propriété, ne portait ni sa marque ni son nom.

« Au reste, le privilège que réclamait la famille Lallemant, en récompense de l'éminent service qu'elle déclarait avoir rendu à la ville de Rouen, en la dotant de l'imprimerie, était considérable. Elle demandait que tous les gens, tant bourgeois que tous autres, qu'elle faisait travailler aux ouvrages d'impresssion, soit dans sa propre maison, soit dans les autres établissements qu'elle possédait dans la paroisse Saint-Nicolas ou ailleurs, fussent déchargés du guet et des aides ; et que cette exception s'étendît à tous ceux qui quitteraient les établissements qu'elle avait fondés pour en fonder de particuliers à leur compte. L'empressement que met le corps de ville à concéder ce privilége, pour le temps de vingt années, et les expressions flatteuses dont il se sert pour formuler son acquiescement, témoignent assez du haut intérêt que la ville portait à l'industrie importée par la famille Lallemant, et combien elle considérait le droit de priorité de celle-ci comme incontestable. »

M. Pottier cite ensuite, comme nouvelle preuve de l'intérêt que la ville prenait à cette famille, une délibération du 8 juin 1544, de laquelle il résulte qu'elle accorda aux deux orphelins Jean et Richard Lallemant un don de 2,000 l. en considération des pertes faites par leurs parents lors de l'établissement de l'imprimerie.

Les mêmes faits sont exposés, d'une manière moins claire et plus laconique, dans un arrêt du Conseil d'Etat, suivi de lettres patentes en faveur de la famille Lallemant, portant que l'imprimerie resterait héréditaire dans cette famille à titre de privilège héréditaire sans déroger à la noblesse : « Le Roy, est-il dit dans cet arrêt, étant informé que l'imprimerie, cet art si utile, qui assure aux connaissances humaines une existence durable, et qui, par son influence sur les sciences, la police de l'Etat, les mœurs et la religion, mérite une protection singulière, a été apportée à

Rouen, dans le temps où elle prenait naissance en Allemagne, *de sorte que cette ville peut être considérée comme le berceau de cet art, qu'elle a contribué à étendre dans différentes parties du royaume ;* S. M. s'étant fait rendre compte des circonstances particulières de cet établissement en la ville de Rouen, auroit reconnu qu'il est dû au soin et au zèle des ancestres du sieur Richard-Gontran Lallemand, écuyer, ancien premier échevin de ladite ville, qui ont fait les plus grands sacrifices pour en accélérer et multiplier les progrès, conformément à ce qui est énoncé dans un acte des délibérations d'assemblée générale des notables des divers Etats de la ville de Rouen du 16 juillet 1494, titre honorable et plein de gratitude envers les sieurs Lallemant, où il est dit que ceux qui firent cet établissement furent « sires Pierre, Jean, Guillaume et Robert Lallemand, d'ancienne lignée et noble nativisté de ladite ville et leur devancier sire Richard Lallemand, écuier, sieur de Caron, » qu'ils avaient fait venir de l'Allemagne dont ils étoient anciennement originaires par un nommé Martin Morin, de Rouen, auquel il donnèrent établissement... »

Cette croyance était si bien admise que dans d'autres lettres, du 31 août 1785, par lesquelles le roi Louis XVI nommait à l'office de chevalier d'honneur au Bureau des Finances Richard Lallemant de Conterey, on voit vanter « cette famille distinguée par l'ancienneté de son origine qu'elle tirait du sire Henri le Conterey surnommé Lallemant, chevalier banneret dans le 11e siècle, famille qui avait occupé des emplois honorables dans l'Echiquier, dans la mairie, au commencement du XIVe siècle, et dans le militaire, son huitième aïeul ayant été capitaine général et commandant pour le Roi en cette ville de Rouen, et cette famille ayant su concilier les places qu'elle a remplies avec les travaux littéraires dont la Normandie a ressenti l'utilité. »

En présence d'assertions si positives et, en apparence, si bien fondées, une chose m'étonne, c'est qu' Rouen permette à sa rivale de la Basse-Normandie de revendiquer hautement l'honneur d'avoir possédé la première des presses d'imprimerie ; qu'elle lui laisse organiser à loisir des fêtes pour célébrer le quatrième centenaire de cette heureuse importation dans notre province, et cela par ce seul fait que celle-ci peut montrer un *Horace*, imprimé chez elle en 1481, tandis que le premier livre imprimé dans notre ville avec date certaine est postérieur de six années. S'il fallait considérer comme sincères les pièces que nous avons rapportées, l'hypothèse de notre savant et regretté confrère M. Edouard Frère prendrait tous les caractères de la vraisemblance, et nous n'hésiterions pas à considérer, avec lui, comme des élèves sortis de cette grande école de typographie fondée par les frères Lallemant, Jacques Durandas et Gilles Quijoue, artistes passagers et ambulants, qui imprimèrent l'*Horace* à Caen en 1480 ; Laurent Hostingue qui imprima dans cette même ville peu d'années après ; Jean Belot, de Rouen, qui imprima à Grenoble en 1498 ; les deux frères Le Signerre, nés à Rouen, qui imprimèrent à Milan de 1496 à 1501 et à Saluces en 1503.

Je voudrais de tout mon cœur pouvoir m'associer à cette patriotique croyance, saluer dans Rouen, sinon le berceau de l'imprimerie française, du moins celui de l'imprimerie normande, honorer dans les Lallemant un type, assurément fort rare, de Mécènes bourgeois, auxquels il ne serait que juste d'élever des statues. Je n'ai pas le moindre dessein de contester à une famille, des plus honorables, les titres fort légitimes qu'elle avait à la considération de ses contemporains et dont elle produisit, en 1775, les témoignages les plus clairs et les plus authentiques. J'ai encore moins la pensée de la rendre responsable d'une supercherie imaginée, évidemment à son insu, par un généalogiste compromettant. Peu porté d'ailleurs pour les recherches généalogiques, je n'aurais point eu la pensée de soumettre à un examen attentif les étranges documents sur lesquels se fonde l'arrêt du Conseil de 1775, si ces pièces n'avaient offert qu'un caractère privé, si elles n'avaient intéressé au plus haut degré l'histoire d'un art dont les origines et les progrès sont aujourd'hui l'objet des recherches les plus actives et les plus passionnées. Cet examen, je m'y suis livré, et mon opinion très arrêtée est que ces délibérations de 1494 et de 1544 sont des actes fabriqués longtemps après les dates qui leur sont attribuées, et que, bien loin de jeter quelque lumière sur l'importation de l'imprimerie à Rouen, elles ne peuvent qu'induire en de graves erreurs les personnes les plus compétentes et les plus consciencieuses.

Je voudrais éviter les redites, ne point reproduire sous de nouvelles formes un récit que déjà l'on connaît par la citation dont j'ai fait l'emprunt à M. André Pottier. Je ne puis toutefois me dispenser de rapporter textuellement ces délibérations, parce que la preuve du faux ressort, à mon avis, rien qu'à la première lecture, de la teneur même de ces documents.

Voici le texte du premier, tel qu'on le trouve au feuillet 147 recto et verso du registre A. 9 des Délibérations de l'Hôtel-de-Ville de Rouen : (1)

« Du mercredi XVIe jour de juillet mil IIII^c et quatorze devant sire Pierre Dare lieuten*ant* et Mess^s les conseill*er*s et notables bourg*eois*

« Delib*er*e fu pour et au regard de la protecōn et donacion que fu fete a Mess^s les conseillers cest ass*avoir* ung liure de coustume ainsi que ung liure de cōniques iceulx liures retp̄ez et traullez par noble et scientiffique personne sire Mahiet Deschamps conjointement avec les prentans dont sont tres prouch*ains* parens et amis lesd. quelz liures de pelles parchemin de vellin en escriptures de impression en plusieurs parties offers et presentez en plain burel par venerables et prudes hommes sires Pierre Lalemant Jehan Lalemant Guillaume Lalemant et Robin Lallemant dancienne lignie et noble nativiste delad. ville lesquelz par et au rapport de l'œuvre d'impression quilz offrent au nom de sire (personne (2)) Richart Lalemant escuier s^r du Caron d.................. et en consideracion de ce que eulx et led. feu prouchain Richart naguere alle de vie a trespas plain de dessein et congnoissances

(1) Nous mettons en italiques les lettres ou parties de mot à suppléer.

(2) Mot douteux.

et dimpressions pour procurer lumiere et donner aux hommes necessaires congnoissances des sciences et fachiliter la bonne invencion et establissement par le fait de impression en icelle ville de Rouen que tousjours eulx et leurs devanciers ont eu en singulliere recommandacion et bonāmetie et pour laquele ont aspre affecion moult prouve par les offices de toutes belles sortes et manieres dont ont eu estat tant en la d. communaulté de ville que en l'eschiquier et es autres cours dudit lieu de Rouen et autres plusieurs fonxions et services de guerre ont entreprins se segulariser par le soustien dudit establissement en recevant et soustenant tout ainsi que ilz ont fait maistre Pierre Maufer et autres qui ont quité semblablement pour aler a Paris et aultres lieux et Martin Morin compaignon dicellui Maufer lequels Morin estant homme loyal et inventif en la rescherche dudit œuvre que a cueilli es pays d'Allemaigne navoit non plus que Maufer suffisante ressource de biens lesdits dessus nommez Richard Pierres Jehan Robert et Guillaume en memoire dudit pays dAlemagne dont sont yssus autreffois et pour ce que sont iceulx demourez en icelle ville et icelle duchie de Normandie du depuis ung certain s' dAllemagne qui avoit nom Conterey de toute grant antiquité ont voulu avoir honneur pour leur dessus dit pays ou ledit oeuvre de impression prend origine de ledit oeuvre establir en constante demeure en la ville quilz habitent ont receu les dessusdits en leur hostel en la parroisse S. Erblanc pour y loger presses et autres choses a ce necessaires et ont a leurs despens fourni a tous les frais de ce qui esconuient faisant selon leurs lumieres et grans congnoissances en leur propre avoir et especialment inspection audit gouvernement des ouvraiges de presses que font tousjours faire au nom et devise de ceulx qui font besongnier audit oeuvre et font venir en icellui pays et leur logeys voullant se familiariser oudit oeuvre ont demande assistance de la ville et que fu octroyé descharge de guet et des aides pour les gens tant bour*geois* que tous autres que ilz font besongner en leur dessus dit hostel et leur autre logeys de la paroisse S. Nicolas et autres logeys ou font faire semblement des ouvraiges en impressions par gens expers auxquels veullent donner moult prouffit et establissement comme ont donné aux susdits Morin Maufer et autres a qui le cas touchoit par quoy au regard de la presentacion et req*u*este par plusieurs raisons remoustrees aprez plusieurs parolles et pourparlers considere du tout ce que dessus est pour fournir a iceulx et les aider aucunement a faire demourer audit Rouen gens pour le fait de la nouvelle invencion ainsi que pour le mieulx a este mis en oppinion quil estoit bon de corespondre au bien de lad*ite* chose publique et audit establissement qui est pour (lumi)eres et science et congnoissances humanes pour ce moien et en (f)aveur que dessus par tous mess[rs] les conseillers et personnes notables a esté consenti et conclud a satisfaire aux dessusdits Lalemant pour les gens que ilz recuellent en leur logeys et que ainsi soit acordé doresen*avant* en gratuité et par courtoisie par chacun an pour le temps de xx annees a commancher dudit jour de ceste presente annee et consentent et veullent Messrs les conseillers que il soit ansi en recompensacion et remuneracion le tout exprime pour la plus grant louange et honneur des devant dis Lalemant et le bien et plaisir dont icelle ville leur aura grant merchy.

« Pour ce que lesdits sires Lalemant demandent par bonne veue du bien que plusieurs tant sortis que a sortir de leur logeys pour prendre estat a eulx pour que honnorablement vacquent iceulx au dit estat que trouvent faveur semblable acorde a este aux autres de lad. impression tant nobles que non nobles mesme et semblable chose que dessus. »

Qu'il y ait eu à Rouen, au xve siècle, une famille noble du nom de Lallemant, la chose n'est point contestable. Un Robert Lallemant, se qualifiant écuyer, possédait, de 1489 à 1511, la seigneurie de Belbeuf qui lui était échue par suite de la mort de son père, Jacques Lallemant, à qui elle avait été apportée par sa femme, Isabeau Du Quesnay (1). Mais

(1) Cité dans un manuscrit qui m'a été communiqué par M. Métérie, libraire, et au Tabell. de Rouen, 28 avril 1487. — Autres mentions de Simon Lalemant, écuyer, dem. à Rouen, par. S. Jean sur Renelle, 14 mars 1385 (Arch. de la S. Inf. F. du Chapitre) : de Godefroy Lalemant dont la tombe était en l'église S. Patrice, Tab. de Rouen, reg. 4, f° 44 ; de Guillemot Lalemant, 11 août 1418, Délibérations de l'Hôtel-de-Ville de Rouen ; de Laurent Lalemant qui fonda des obits, à son intention, en l'église paroissiale de S. Lô de Rouen, 22 janv. 1424 (v. s.), Tab. de Rouen, reg. 21, f° 212 v° ; de Simon Lallemant, garde du seel des obligations de la vicomté de Rouen en 1430 ; de Pierre Lalemant, notable de Rouen, 9 déc. 1463, Délib. de l'Hôtel-de-Ville de Rouen ; de Marguerite, femme dud. Pierre Lalemant, naguères demeurant à Caen, 29 mars 1467, (v. s.), Tab. de Rouen ; de Jean Lalemant, receveur général de Normandie, dern. juillet 1488, Registres capitulaires du 2 juin 1518, Délibérations de l'Hôtel-de-Ville de Rouen.

On trouve, au siècle suivant, Robert Lallemant, auditeur des

quel lien peut-il y avoir entre cette famille et les Lallemant, imprimeurs et libraires, qui commencent à paraître, avec ces qualifications de métier, vers le milieu du XVIe siècle, c'est ce que l'on ne voit pas, c'est ce que l'on cherche inutilement dans une généalogie composée par M. d'Hozier de Sérigny peu de temps avant la Révolution. Comme tous les noms tirés de nationalités et de pays, ce nom de Lallemant a été toujours et partout fort commun ; il prête à beaucoup de confusions ; il a été très certainement porté par des familles très différentes. On parle de descendance d'un chevalier banneret du XIe siècle : une généalogie remontant à une époque aussi éloignée est de nature à attirer l'attention ; des souvenirs de famille se conservant pendant des siècles, malgré le changement de patrie, c'est encore là un fait assez extraordinaire et qui ne peut éveiller que le soupçon. On suppose, il est vrai, que le nom n'a pas changé. Mais il est assez connu qu'à très peu d'exceptions près, ce serait une erreur de chercher des noms héréditaires antérieurement au XIIIe siècle.

Convenons d'ailleurs que ces conseillers municipaux se montrèrent d'une bonne grâce infinie en acceptant avec une faveur si marquée le don qui leur fut fait par les Lallemant des deux plus rares incunables de l'imprimerie rouennaise, du *Coutumier* et de la *Chronique* On ne sait pas positivement la date de l'impression du *Coutumier* ; il n'est pas probable cependant qu'elle soit postérieure à 1490. Quant à la *Chro-*

Comptes de la ville de Rouen, 25 nov. 1507 ; Robert Lalemant, 4 août 1516 ; Louis Lallemant, 13 janv. 1561 (v. s.). Délibérations de l'Hôtel-de-Ville de Rouen.

nique de Normandie, elle fut imprimée dès 1487. La délibération est du mois de juin 1494. Les Lallemant auraient laissé passer sept années avant que la pensée leur vînt que ce présent pourrait être agréable à la ville. Il est probable que le présent aurait été fait plutôt si le généalogiste eût trouvé dans des cahiers plus anciens un feuillet blanc sur lequel il pût écrire cette prétendue délibération (1).

Tout, du reste, dans cet acte, écriture, abréviations, style, formules, sent la fraude.

L'écriture a quelque chose d'incertain qui indique que la main hésite et tâtonne. Il y a eu des retouches qui ont amené l'usure du feuillet, le seul qui présente ce caractère dans le registre; il a été lacéré, et il a fallu le rejoindre à l'aide de bandes de papier collé. Afin de rendre moins sensible la différence des encres qu'on eût pu remarquer entre ce feuillet et ceux qui précèdent et ceux qui suivent, on a eu soin d'en rafraîchir l'écriture, et l'on a fait subir la même opération à d'autres feuillets qui pouvaient donner lieu à une comparaison défavorable. On remarque aussi des ratures, et ces ratures sont caractéristiques. A la 13e ligne on lit : *au nom de sire* (*sire* mot surchargé), puis un mot illisible qui ressemble au mot *personne*, comme si l'on avait d'abord écrit notable personne, *Richart Lalemant, escuier, sr du Caron*. Viennent ensuite sept ou huit mots raturés dont les derniers paraissent être : conseiller ou président en cour. L'intention est

(1) On peut signaler d'autres feuillets blancs dans ces registres : cinq feuillets blancs, 44-48, dans le registre A. 14 ; les feuillets 41 verso et 42, les feuillets 45 et 46 verso dans un autre.

aisée à deviner. On aura reconnu qu'à cette époque il n'y avait pas encore d'échiquier perpétuel, ni de conseillers en titre. On aura voulu faire disparaître cette qualification suspecte (1).

L'écriture, ainsi que nous l'avons dit, est incertaine ; elle est aussi plus serrée et paraît assez maladroitement imitée. A la ligne 1re, le *c* indiquant cent est imité de la même lettre qui se remarque au feuillet 145 verso, et qui affecte une forme tout à fait exceptionnelle. Il est aisé de reconnaître pourtant que l'écriture du feuillet 145 verso et celle du feuillet qui contient la délibération en question ne sont pas de la même main ; on a cherché l'imitation ; on n'a pu y atteindre ; on s'en assurera par la comparaison des lettres, notamment des diverses formes de la lettre *p*. Beaucoup d'abréviations sont absolument contraires à l'usage. Nous en citerons quelques-unes :

3e Ligne, pretacon pour presentation.

4e Ligne, coniques pour chroniques.

5e Ligne, traullez pour travaillez.

6e Ligne, pretans pour presentans.

14e Ligne, nague pour naguere.

16e Ligne, diprssions pour d'impressions.

20e Ligne, bonamitie pour bonne amitié.

24e Ligne, seguler pour segulariser.

(1) Il y a eu, de la part du faussaire, une confusion évidente entre le conseiller ou juge d'une juridiction et le conseiller en cour laie ou l'avocat, car ces deux qualifications sont équivalentes ; il est question, le 1er décembre 1390, de Jacques Lalemant, conseiller en cour laie, héritier d'un autre conseiller en cour laie, Richard Le Caron. Tab. de Rouen, reg. 5, fol. 19.

31e Ligne, reissce pour reissource.

Au verso :

2e Ligne, ipression pour impression.

3e Ligne, coustie pour coustumiere.

Fréquemment p pour pour.

Plusieurs expressions sentent une époque plus moderne : *pour procurer lumieres et donner aux hommes nécessaires connaissances des sciences et fachiliter la bonne invencion et establissement.*

Ont aspre affection.

N'avoit non plus que Maufer suffisante ressource de biens.

Voulant se familiariser (si tant est qu'on puisse ainsi interpréter *faullie*).

Il estoit bon de correspondre au bien de la chose publique.

En général, le style du greffier de l'Hôtel-de-Ville est peu soigné et fort incorrect ; mais il n'est jamais, si ce n'est dans cette délibération, prolixe ni prétentieux ; on n'y trouve guère de mots qu'on ne puisse lire sans hésitation et dont la signification ne soit connue. Dans l'acte qui nous occupe, on voit, au contraire, abonder les mots mal écrits, illisibles et même inexplicables. Le faussaire a visé à l'archaïsme ; il a recherché l'incorrection dans la tournure des phrases, dans la manière d'indiquer les abréviations ; il n'a réussi qu'à faire un pastiche d'un goût véritablement barbare : *iceulx livres retpez* (retrempés d'après M. Pottier) *et travaillez... lesdits quels* (remarquez ce mot *dits* abrégé entre *les* et *quels*) *livres de pelles parchemin de vellin en escriptures de impression en plusieurs parties offers et presentez.*

L'auteur de l'acte ne savait pas que la qualification de sire, dans les actes de l'Hôtel-de-Ville, ne s'attribuait qu'à ceux qui avaient été honorés d'une charge municipale. Il la donne en bloc à tous les Lallemant, à Pierre, à Jean, à Guillaume, à Robert, qu'il qualifie tout aussi malencontreusement de vénérables et prudes hommes, joignant à une épithète, qui n'était point encore employée comme *titre*, une autre, celle de vénérable, qui était réservée aux ecclésiastiques.

Dans tout son contexte cette délibération porte l'empreinte de préoccupations nobiliaires qu'un Conseil municipal, en grande partie composé de bourgeois, ne pouvait avoir. J'ajouterai même qu'elle porte l'empreinte de prétentions outrées qu'une famille noble n'aurait pas eues [illegible] du xve siècle. Les Lallemant, en vertu de cette délibération, sont amenés à changer leur nom de Lallemant en celui de Conterey, nom d'un chevalier banneret imaginaire ; on les proclame les fondateurs de l'imprimerie à Rouen ; tous ceux dont les noms sont attachés aux belles œuvres que l'on connaît n'ont été que des subalternes à leurs gages, qui ont travaillé sous leur direction et dans leurs ateliers ; c'est aux Lallemant seuls que revient l'honneur de l'impression du *Coutumier* et de la *Chronique de Normandie ;* c'est même à eux que revient l'honneur d'avoir préparé ces deux éditions ; car, s'il faut en croire la délibération de 1494, ce fut noble et vénérable homme Mahiet Deschamps qui procura et mit au net les manuscrits, et on ne doit pas ignorer que les Lallemant sont donnés comme les représentants de la famille Deschamps, par suite d'un mariage conclu, le 8 février 1533, entre un Richard Lallemand et Isabeau Deschamps, dont on a prétendu faire une petite nièce du cardinal Deschamps, afin que rien ne manquât à l'illustration de la famille (1).

Une autre remarque qui, à mon avis, n'est point sans importance, c'est qu'à la différence de presque toutes les délibérations contenues dans le registre A. 9, celle du 16 juillet 1494 ne porte en marge aucune ancienne indication de son objet. Au lieu de ces notes marginales, qui sont de deux mains, l'une du XVIe, l'autre du XVIIe siècle, on ne trouve en marge de cette délibération que deux notes assez récentes, l'une de M. Evrecin, qui était greffier de l'Hôtel-de-Ville peu de temps avant la Révolution. « *Exemption de guet et des aides* en faveur de MM. Lalemant et des établissemens par eux formés pour l'imprimerie en la ville de Rouen », l'autre de M. E. Frère : « Publié par M. Pottier, dans la *Revue rétrospective de Rouen* », et cependant cette délibération était à noter entre toutes, à cause des renseignements qu'elle fournissait

(1) V. la généalogie de la famille Lallemant. Le manuscrit Bigot Y. 2, conservé dans la Bibliothèque Martainville, mentionne, p. 25, à l'église S. Eloi, le tombeau de Mathieu Deschamps, escuier, s[r] de Retz, conseiller de la ville de Rouen, qui décéda l'an 1491; de Jacqueline De la Fontaine, sa première femme, et de Catherine Lalemant, sa seconde femme, laquelle De la Fontaine portoit de gueule 1 croix dentelée d'argent et 4 aigles d'or, et lad. Lalemant d'argent billeté de sable et sur le tout un écu de gueule chargé d'une étoile d'or, chef d'or. — Un Mathieu Deschamps était avocat pensionnaire de l'Hôtel-de-Ville de Rouen, 2 mars 1516 (v. s.). — Robert Deschamps, conseiller de la ville de Rouen, 20 nov. 1515. *Ibid.*

sur l'établissement d'une industrie célèbre, à cause aussi des priviléges considérables qui étaient accordés à une classe très nombreuse de bourgeois, l'exemption des droits d'aides et du guet. Disons en passant que, s'il est certain que la ville pût dispenser des droits d'aides, il nous paraît très douteux qu'elle eût autorité pour dispenser du guet. Du moins voit-on plus tard cette exemption accordée aux libraires et imprimeurs, non pas par la ville, mais par l'autorité royale.

La seconde délibération donnera lieu à moins d'observations. Elle est inscrite sous la date du 8 juin 1544, et conçue en ces termes :

« Sur ce qu'il a esté dict pour Jehan et Richart Lallemant en bas aage au subgé des pertes qu'ils ont faictes par l'establissement de l'imprimerie à Rouen, ainsy que par le feu dernierement advenu en la paroisse Saint Nicolas, il a esté trouvé bon bailler en don et gracieuseté à iceulx enffans Lallemant fournissement de deux mille livres tournois, et a esté chargé Jehan Petit eulx conlater en l'estat d'imprimerie. »

L'écriture est contrefaite plus habilement dans cette délibération que dans celle de 1494. Cependant la fraude se laisse apercevoir dans quelques mots, notamment dans les mots *sur*, *Jehan*, *bas ;* dans les abréviations *dñent*, pour derrainement ou dernièrement; *paesse*; pour paroisse.

Un mot barbare *conlater* transformé en *contracter* dans les lettres patentes de 1775, un autre *subgé* qui se présente sous une forme inusitée, donnent à la pièce un caractère archaïque de mauvais aloi.

L'objet de ce second acte a été, sans doute, d'insinuer comment, de protecteurs de l'imprimerie, les Lallemant étaient devenus de simples ouvriers typographes. Le feu avait ruiné leur hôtel. De cette famille il restait deux orphelins en bas âge. La ville se serait souvenue, dans cette circonstance, que leurs ancêtres avaient compromis leur fortune et s'étaient imposé de grands sacrifices pour doter Rouen d'ateliers typographiques ; elle leur aurait fait don de 2,000 l. et les aurait confiés (en vertu de quelle autorité?) à un imprimeur, Jean Petit, pour les *conlater* en l'état d'imprimerie.

Cette délibération fait suite à une autre, assez développée et fort importante, à laquelle on vit prendre part Mgr Lallemant, conseiller du Roi au Parlement de Normandie. C'est vraisemblablement la présence de ce nom qui aura suggéré l'idée de placer où elle est la prétendue donation faite par la ville aux orphelins Richard et Jean Lallemant. Cela prêtait, en effet, à une supposition flatteuse, celle d'une communauté d'origine entre ces apprentis typographes et une famille parlementaire. On ne pouvait cependant, pour peu qu'on considère la chose avec attention, imaginer rien de plus maladroit. A la date indiquée par cette délibération, l'effroi régnait dans la ville ; les bruits les plus sinistres y circulaient ; on avait annoncé que les Anglais s'apprêtaient à envahir la Normandie ; l'on s'attendait à les voir, d'un jour à l'autre, venir mettre le siége devant Rouen, avec grande chance de succès, car les fortifications laissaient beaucoup à désirer. L'assemblée, plus solennelle que jamais, avait été précisément convoquée pour aviser aux mesures à prendre pour mettre sans retard la ville en état de défense. Est-il vraisemblable que, dans des circonstances aussi graves, devant une assemblée qui n'était point une assemblée ordinaire, mais une assemblée générale, convoquée dans un but spécial, on ait eu le temps de s'occuper d'une question secondaire, qu'on se soit apitoyé, par amour de l'imprimerie, sur le sort de deux enfants, auxquels après tout la ville ne devait rien? Est-il vraisemblable que, sans discussion, sans objection, on leur ait donné, à titre de secours, 2,000 livres, somme considérable à cette époque, quand on voit, dans le même temps, les conseillers, au risque de mécontenter le Roi, lui marchander les subsides qu'il réclamait pour les besoins les plus urgents de l'Etat (1) ?

Tenons donc pour supposés les deux documents en question, et considérons comme les vrais, comme les seuls importateurs de l'imprimerie à Rouen, les

(1) Ce ne sont pas là, du reste, les seules altérations que l'on ait à signaler dans les registres de délibérations de l'Hôtel-de-Ville de Rouen. Nous en citerons quelques autres pratiquées dans le même but, et par la même main. Richart Lalemant, mot gratté et surchargé, 14 mars 1524 (f° 342); Richart Lalemant nom substitué à un autre, 24 mai 1525 (f° 371) ; même observation, 9 octobre 1525 (f° 381), 9 mai 1528 (f° 15).— On sait qu'on a voulu faire de Caron un nom de seigneurie, propre à la famille Lalemant, tandis que De Caron ou Le Caron était le nom d'une famille distincte. On a substitué visiblement *de* à *le* dans le nom de Richard Le Caron, 8 sept. 1529 (f° 99), 25 juillet 1737 (f° 50). Cependant on trouve écrit Richard de Caron sans retouche apparente, dernier février 1525 (v. s.).—Richard Le Caron est cité en même temps qu'un Richard Lalemant, 24 mai 1525 (f° 371). Mention de Jehan Le Caron, 17 août 1526 (f° 66). Dans un acte du tabellionage de Rouen du 20 mars 1489, à la suite du nom de Robert Lallemant, on a gratté quelques mots pour y substituer ceux-ci : « escuier capitaine general, etc.... »

typographes dont les noms et les marques figurent sur les précieux incunables sortis de leurs presses.

La liste des premiers imprimeurs rouennais a été dressée avec un soin extrême par M. E. Frère, plus compétent que personne en pareille matière. Un autre de nos confrères, M. Gosselin, a enrichi cette liste de plusieurs noms, et a pu fournir quelques renseignements nouveaux et pleins d'intérêt sur les impressions et sur le commerce des livres. Mais malgré leurs patientes et savantes recherhes, que de points restent encore obscurs ! Je n'ai point la prétention de les éclaircir. Je me contenterai de présenter ici quelques observations dont le principal mérite sera peut-être d'ouvrir la voie à de nouvelles investigations.

Les livres imprimés étaient déjà communs à Rouen avant qu'on eût établi des établissements d'imprimerie dans cette ville. En parcourant les testaments des chanoines et des chapelains de la cathédrale, les inventaires de mobilier dressés après leur décès, on y trouve de fréquentes mentions de livres en *moule* ou imprimés. Ce sont *Dieta salutis*, *Meditationes Bernardi*, un ouvrage désigné sous le titre *de Diversis materiis*, dans la bibliothèque de Guillaume La Vieille, en 1468 ; deux Bibles dans celle d'Auvré, qui fut curé de Saint-Maclou en 1480 ; un *Valere*, en parchemin, dans celle de Guillaume Roussel, même année ; une Bible en cinq volumes avec la *postille* de Nicolas de Lyre, un missel, dans celle de Robert Le Gouppil, 1483 ; un bon bréviaire de parchemin, *en forme*, un petit missel d'ordinaire, un psautier *férial*, un *Journal* (Diurnal) d'ordinaire, deux petits livres de *dévocions*, un missel d'ordinaire, en moule, un grand bréviaire, en moule, dans celle de Briselance, 9 janvier 1484; 11 livres, *in papiro ex impressione*, *Speculum Vincencii*, en 2 vol., *Speculum Doctrinale ejusdem*, en 2 vol., *Pantheologiam*, en 2 vol., *Panormitatum* en 5 vol, dans celle de Pierre Leschamps dit Desneval, 1486.

Les livres imprimés étaient déjà à des prix fort abordables, preuve certaine d'un tirage assez étendu. En 1468, *Dieta Salutis* fut vendu 2 sous; *Meditationes Sancti Bernardi*, joint au volume, *De diversis materiis*, fut adjugé au prix de 3 sous. Les imprimés assez nombreux de la bibliothèque du doyen Blosset, remarquables vraisemblablement par leur conservation et par leur reliure, furent également adjugés, en février 1489, à des prix qui nous paraissent bien modiques : *Liber Decretorum*, 9 l.; *liber Decretalium*, 4 l. 2 s. 6 d.; *liber Clementinarum*, 40 s.; *Lectura Panormitani in quinque voluminibus*, 27 s. 6 d.; *Prima pars Dominici de Sancto Geminiano super Sexto Decretalium*, 40 s.; *Repertorium Brixiensis, in duobus voluminibus*, 105 s ; *Consilia Bartholi*, 35 s.; *liber Egidii de Roma*, 12 s 6 d.; *Augustinus de Civitate Dei cum commentario*, 100 s.; *Titus Livius*, 70 s.; *Epistole familiares Marci Tullii*, 22 s.; *Consilia Oldradi*, 25 s.

On peut juger par ces exemples du faible prix auquel pouvaient être cotés les livres d'un usage plus ordinaire, tels que ceux qui étaient destinés aux fidèles ou aux écoliers, comme les *matines*, les psautiers, les rudiments ou le *Donat*. C'était là, à n'en pas douter, le principal objet du commerce des libraires et de l'industrie des imprimeurs. Le 11 novembre 1488, il est fait mention, aux Registres capitulaires de la cathédrale, d'une femme qui occupait, près du Portail-aux-Libraires, un étal où elle vendait *parvos libros et matutinas ex impressione*. Il est à croire qu'à Rouen, ainsi que partout ailleurs, ce fut par l'impression de ces sortes de livres, d'un débit facile et assuré, que débutèrent nos premiers typographes, bien qu'aucun de ces livres, trop communs pour qu'on y attachât quelque importance, ne nous ait été conservé.

Nous n'espérons guère, cependant, qu'on puisse en découvrir d'une date bien antérieure à celle de la *Chronique de Normandie*, qui fut indubitablement imprimée en 1487. Et voici sur quoi repose notre supposition. Dans les lieux où il existait une imprimerie, on a dû songer nécessairement à en faire usage, quand il s'est agi d'actes ou de documents qu'on avait un intérêt sensible à porter à la connaissance d'un très grand nombre de personnes. Au premier rang de ces documents figurent les indulgences, et l'on sait qu'en effet le plus ancien imprimé qui nous soit connu est un exemplaire d'un document de cette espèce. Depuis très longtemps le chapitre de Rouen avait obtenu du souverain pontife des indulgences en faveur de ceux qui feraient des aumônes à la fabrique de la cathédrale. Chaque année, elles étaient notifiées aux fidèles des 1600 et tant de paroisses du diocèse de Rouen et du vicariat de Pontoise, au moyen de brevets (*breviculi*) qui étaient transmis aux doyens, lesquels étaient chargés, à leur tour, d'en faire la distribution entre les curés de leurs doyennés respectifs. Dès l'an 1385, on voit le chapitre adresser 40 brevets aux curés du doyenné de la Chrétienté, et 200 à ceux du pays de Caux. Chaque brevet, écrit sur parchemis, revenait alors à 6 d. pièce. En 1479 et 1480, le chapitre en fit écrire 600 par un prêtre, nommé Guillebert Fouchet, et les lui paya à raison de 2 d. pièce. Le prix reste le même en 1484 et 1487. Cette dernière année, il n'en fallut pas moins de 1,037 qui coûtèrent 8 livres 12 sols, non compris le prix du parchemin. L'intérêt du chapitre était de multiplier le plus possible ces brevets et d'employer le moyen le plus sûr pour éviter les fautes qui auraient pu se glisser dans la rédaction. La collation d'un si grand nombre de copies était longue et pénible, tandis qu'il n'y a rien de plus facile que la correction d'une épreuve. On peut bien admettre que par humanité, pour ne point laisser sans occupation de malheureux écrivains, les chanoines leur aient, pendant quelque temps, donné la préférence sur les ouvriers typographes; mais il est clair que cette situation ne pouvait avoir qu'une très courte durée. En 1487, le chapitre laisse de côté Guillebert Fouchet et son atelier d'écrivains et traite avec un imprimeur pour l'impression des brevets relatifs aux permissions accordées pour l'usage des *lacticines* pendant le carême. Il en commande 2 milliers et demi à un nommé Gaillart Le Bourgeois et les lui paye 12 livres, à raison de 100 sous le millier (1).

(1) Panzer avait déjà signalé un imprimeur du nom de Gaillard Bourgeois en l'année 1488. M. E. Frère avait supposé qu'il y avait là une erreur de nom et qu'on avait confondu Jean Le Bourgeois avec Gaillard Le Bourgeois. Depuis, M. Gosselin a prouvé, par quelques citations, qu'il existait bien à l'époque indiquée par Panzer un imprimeur rouennais nommé Gaillard Le Bourgeois. Je ne serais pas éloigné de supposer que Gaillard Le Bourgeois et Jean Le Bourgeois désignaient un seul et

En 1489, le Chapitre commanda à ce même imprimeur cinq milliers de brevets, et celui-ci promit d'en donner un millier en sus « pour ce qu'il avoit tenu un étal à vendre livres près la porte de l'église. » C'était, en effet, un libraire autant qu'un imprimeur, et nous voyons que pendant plusieurs années, antérieurement à 1488, il avai to ccupé un eéchoppe au Portail-des-Libraires. Plus tard, les brevets sont imprimés par Jean Richard, par Louis Bouvet et par Raoulin Gautier.

Jusqu'à présent on n'a signalé l'existence d'aucun

même individu. Aux registres capitulaires de la cathédrale, 3 mai 1488, il est fait mention d'une boutique au Portail-des-Libraires, occupée par *Gaillart*, et que le libraire Guillaume Le Delié désirait obtenir du chapitre, en prévision du prochain départ dudit Gaillart. Le 5 mai, le chapitre, en conséquence de cette demande, décide que la maison occupée les années précédentes par *Jean Le Bourgeois* (il s'agit sans le moindre doute de la boutique demandée par Le Delié) sera laissée à l'occupant, s'il veut la tenir en personne et sans fraude, et qu'on n'aura point égard aux offres de son concurrent. Le 20 juin de la même année, un autre libraire, Jean Boyvin, demande cette même boutique. Le chapitre répond qu'il n'a point été avisé de la démission de son locataire, et qu'il attendra à en être informé *ad vitandum collusiones in similibus*. Le 22 août suivant, le libraire, cette fois nommé Gaillard Le Bourgeois, ayant fait officiellement l'abandon de son échoppe, le chapitre l'accorde, dès le lendemain, à Guillaume Le Delié. Dans ces textes, le même libraire est appelé Gaillart, Jean Le Bourgeois et Gaillart Le Bourgeois. Il importe de remarquer que ce libraire n'était point un étranger arrivé depuis peu à Rouen. On trouve le nom de Gaillart Le Bourgeois parmi les noms des paroissiens de Saint-Nicolas qui contribuèrent à la reconstruction de la nef de cette église aux années 1452-1453, 1454-1455, 1458, 1468. On le retrouve encore comme trésorier de Saint-Nicolas de 1477 à 1481. (Voir les comptes de Saint-Nicolas aux Archives du département). Les mêmes comptes indiquent, sous le nom de Karados Garin, un avocat dont le véritable nom était Jean Garin.

de ces brevets. Peut-être en retrouvera-t-on, tôt ou tard, dans quelque couverture de registre ou de volume. En attendant, il y a lieu de s'étonner de la disparition complète de ces documents tirés à un si grand nombre d'exemplaires. Ce qui n'est pas moins surprenant, c'est qu'il ne nous soit rien resté des tables pascales, dites plus tard Directoires et enfin *Ordo*, tirées, chaque année, aux frais de la fabrique de la Cathédrale, à 2,000 et 2,500 exemplaires. Leur usage parait constant à partir de 1504. Ces petits livrets étaient distribués par le Chapitre aux doyens et aux curés comme témoignage de gratitude pour la peine qu'ils prenaient de recommander la fabrique de la Cathédrale à la charité des fidèles, en rappelant à leurs paroissiens les indulgences accordées par le Souverain-Pontife. Ils remplaçaient les petits sachets d'épices, que, plus anciennement, le Chapitre distribuait, pour la même raison, par les mains de son procureur. M. l'abbé Cochet, en collectionneur curieux de tout ce qui intéressait les antiquités ecclésiastiques, avait recueilli un assez bon nombre de ces livrets. Sa collection, qui ne remontait pas au-delà des premiers temps de Louis XV, passait pour à peu près complète. On ne se doutait pas qu'il n'y manquait pas moins de deux cents et tant d'années (1).

(1) J'ai retrouvé un de ces Directoires, celui de l'année 1637. Il porte les armes de François de Harlay. On en avait fait un bourrelet pour arrêter la ficelle d'une liasse de vieux papiers.

ROUEN, IMP. E. BOISSEL.

www.ingramcontent.com/pod-product-compliance
Ingram Content Group UK Ltd.
Pitfield, Milton Keynes, MK11 3LW, UK
UKHW020514230726
13925UKWH00005B/2155

9 782013 456258